This book belongs to...

Name: _____

Address: _____

City: _____ State: _____ Zip Code: _____

Phone: _____ Email: _____

www.ingramcontent.com/pod-product-compliance
Lightning Source LLC
Chambersburg PA
CBHW051325220526
45468CB00004B/1495